MONOGRAPHIE

DES

ESPÈCES VIVANTES ET FOSSILES

DU GENRE MÉLANOPSIDE, *MELANOPSIS,*

ET OBSERVATIONS GÉOLOGIQUES A LEUR SUJET;

PAR M. D'AUDEBARD DE FÉRUSSAC.

(LU DANS LA SÉANCE DU 2 AOUT 1822.)

PARIS.

IMPRIMERIE DE J, TASTU, RUE DE VAUGIRARD, N° 36.

1823.

Extrait du tome Ier des *Mémoires de la Société d'histoire naturelle de Paris.*

MONOGRAPHIE

DES

ESPÈCES VIVANTES ET FOSSILES

DU GENRE MÉLANOPSIDE, *MELANOPSIS*,

ET OBSERVATIONS GÉOLOGIQUES A LEUR SUJET.

LE genre Mélanopside, que nous avons institué en 1807 (1), est un des plus intéressans des animaux mollusques, par l'importance des faits qu'offrent ses espèces fossiles, pour éclairer l'histoire des terrains dits *tertiaires*. Il est non moins curieux à étudier sous les rapports zoologiques, parce qu'il établit une sorte de transition entre les pectinibranches pomastomes et hémipomastomes, c'est-à-dire entre ceux de ces animaux dont la coquille offre une ouverture entière sans canal et un opercule toujours proportionné à cette ouverture, et ceux où celle-ci est plus ou moins prolongée en un tube destiné à recevoir un appendice du manteau qui porte le fluide dans la cavité branchiale, et dont l'opercule n'a ni sa grandeur ni sa figure.

Ce genre doit marcher immédiatement avant les Cérites, dont

____

(1) Essai d'une méth. Conchil., p. 70.

la famille commence le sous-ordre des hémipomastomes. Il est le seul, dans les pomastomes, dont l'ouverture soit échancrée, quoique le manteau soit dépourvu d'appendice, et il termine ce dernier sous-ordre. On peut même présumer, d'après l'analogie qu'offrent avec les Mélanopsides plusieurs coquilles marines placées parmi les Cérites, que ces coquilles doivent y être réunies, les Mélanopsides, comme tous les genres de pectinibranches, pouvant avoir des espèces fluviatiles et d'autres marines. Mais l'examen seul de leurs animaux peut décider cette réunion; car on ne peut s'en rapporter uniquement à la forme de l'ouverture. Plusieurs des espèces rangées par M. Brongniart dans les Potamides, devant, par ce seul caractère, entrer dans les Mélanopsides, quoique l'organisation de leurs animaux assigne leur véritable place parmi les Cérites, le *Cerithium ebeninum* de Bruguière, à ne considérer que son ouverture, se placerait dans les Pyrènes de M. de Lamarck, et cependant les Cérites comme les Potamides ont des animaux fort différens de ceux des Mélanopsides et des pyrènes. Le nombre, la forme des tentacules, la présence ou l'absence du syphon, la position des yeux, le voile qui couvre la tête des Cérites, distinguent nettement ces deux genres. Ces observations se rapportent surtout au rapprochement que vient de présenter M. Sowerby (*Min. conchyl.*, cahier n° 59) entre la *Melanopsis atra* et quelques fossiles du groupe des Potamides, dont il continue à faire un genre à part, malgré que son auteur ait renoncé à cette division. Si les Potamides figurées par M. Sowerby doivent être regardées comme appartenant à la même division que la *Melanopsis atra*, c'est dans le genre Mélanopside qu'on doit les placer. Si, au contraire, ce sont des Potamides, elles n'ont rien de commun avec la *Melanopsis atra*, et il faut les laisser parmi les Cérites.

Nous réunissons depuis long-temps les Pyrènes aux Mélanopsides ; leurs coquilles ont en effet la plus grande analogie, et leurs animaux, dont nous avons pu constater l'identité, viennent appuyer cette réunion.

Si l'on excepte les figures publiées par Olivier, des deux Mélanopsides trouvées par lui dans l'Orient, on peut dire qu'avant la création de ce genre il était presque inconnu. Une de ces espèces et deux ou trois autres étaient confondues dans les genres *Buccinum* et *Murex* de Linné, où nous avons été, pour ainsi dire, obligés de les deviner. Actuellement, comme on va le voir, le genre Mélanopside renferme treize espèces, et ce nombre s'augmentera sans doute lorsqu'on aura mieux observé les rivières des côtes orientales de l'Adriatique, celles de la Grèce, de l'Archipel, de la Turquie, de la Russie méridionale, de l'Asie et de l'Afrique septentrionale ; car les Mélanopsides paraissent, du moins quant à présent, appartenir exclusivement à l'ancien continent, et c'est principalement sur les bords du bassin de la Méditerranée, depuis les côtes de Syrie jusqu'en Andalousie, que l'on rencontre les espèces de ce genre. On n'en a point encore trouvé en France, ni même en Italie ; mais on en trouve en Carniole, en Hongrie et dans la Russie méridionale. Outre les parties du bassin de la Méditerranée où l'on rencontre les Mélanopsides, on en trouve aussi sur la pente de la péninsule espagnole qui regarde l'Océan, dans tout le bassin du Guadalquivir, ainsi que sur la pente de l'Asie, dirigée vers la mer des Indes, dans le Tigre et l'Euphrate. Enfin le groupe des Pyrènes appartient aux grandes Indes, à l'Archipel de l'Asie et à Madagascar.

Le royaume de Maroc et les environs de Valence, en Espagne, offrent la *Melanopsis Dufourii*, dont une variété fossile, à Dax, prouve l'ancienne existence en France. La *Melanopsis Buccinoidea* habite aujourd'hui sur toute la côte de Syrie, dans l'Archipel et dans le royaume de Séville; elle se trouve à l'état fossile en Angleterre, en France, en Italie, et dans les pays même où elle s'est conservée vivante, comme à Rhodes et à Sestos. La *Melanopsis costata* du fleuve Oronte se trouve fossile à Sestos, et, à ce qu'il paraît, aussi aux environs de Soissons : nous disons à ce qu'il paraît, car si les deux individus fossiles des environs de cette ville, trouvés par M. l'abbé Manès, et que nous avons cités (1) pour les avoir vus chez M. Dufresne, n'appartiennent pas à cette coquille, ils appartiennent indubitablement à la *Melanopsis nodosa* du Tigre et de l'Euphrate, laquelle vivait jadis en Italie où son test fossile a été trouvé abondamment par M. Ménard de la Groie, entre Otricoli et Le Vigne, près de la route de Rome à Foligno. Enfin une nouvelle espèce fort jolie, trouvée par M. Boué, en Moravie, avec le *Pyrum monstruosum* de Martini (*Conchyl.*, t. 2, p. 202, tab. 94, fig. 912 à 914), n'ont pas encore d'analogue vivant reconnu, mais il est très-probable qu'on le découvrira lorsqu'on aura fait des recherches dans les pays que nous avons signalés; car presque toutes les espèces vivantes aujourd'hui ont leurs analogues fossiles.

Pour compléter ce rapprochement, très-remarquable par la formation à laquelle appartiennent la plupart de ces fossiles, nous pourrions citer encore la *Melanopsis atra* fossile (Pyrène térébrale de Lamarck), dont M. Desmarest vient de donner la figure (2). Cette coquille, dont plusieurs individus sont groupés

---

(1) Mémoire géologique, p. 11, 2ᵉ observation.
(2) Crustacés fossiles, p. 87, pl. VI, t. 3, 4.

dans un morceau de calcaire marneux surmonté d'un beau crabe, a été rapportée de l'île de Luçon où cette même coquille vit encore aujourd'hui. Mais cette citation pourrait bien n'être pas concluante si, comme on peut le supposer d'après l'inspection du morceau en question, ce dernier n'était dû qu'à une simple agglutination vaseuse assez moderne.

Il y eut un temps où des espèces fluviatiles, qui paraissent exiger une température plus élevée que celle du climat où nous vivons, peuplaient les courans ou les lacs qui couvraient le sol d'une partie de la France et de l'Angleterre. Leur genre même a disparu de ces deux pays; il ne vit plus que dans des contrées plus méridionales, et, par l'existence de leurs enveloppes fossiles dans la formation de l'argile plastique et des lignites, en Angleterre et en France, on voit que ces espèces appartenaient au premier terrain découvert, au premier sol peuplé de végétaux et d'animaux étrangers comme elles à notre sol actuel, et dont il faut, comme pour les Mélanopsides, aller chercher les analogues de genre et de familles dans des contrées plus méridionales que les nôtres. Ces coquilles prouvent, comme nous l'avons fait voir il y a long-temps (voyez notre *Essai*, etc., p. 70 et suiv.), que tous les êtres qui existaient avant le dépôt marin du calcaire grossier ne sont pas détruits, car les fossiles de plusieurs d'entre eux ne sont pas seulement du même genre que les espèces vivantes; ils sont, selon toutes les apparences, de la même espèce, ainsi que nous le montrerons dans cette Monographie. Cette assertion n'est pas seulement prouvée par l'examen des Mélanopsides; ces coquilles sont souvent accompagnées d'une ou plusieurs espèces de Nérites, de Mélanies, de Paludines et de Cyrènes qui ont aussi les plus grands rapports avec les espèces des mêmes genres qui vivent aujourd'hui dans l'Orient et en

Asie; et plusieurs de ces espèces ont de même leurs analogues vivans. Toutes ces coquilles sont les seuls débris des êtres non marins de cette époque dont l'analogie de genre soit incontestable, et dont l'analogie d'espèce puisse même s'établir avec toute la rigueur désirable. Les Mélanopsides fossiles, par leur multiplicité dans les mêmes dépôts, caractérisent ces dépôts, surtout ceux de l'antique et primitive végétation des parties basses de notre continent, du moins depuis l'Angleterre jusqu'aux Pyrénées. Elles servent de base aux conjectures qu'on peut chercher à établir, les végétaux qui les accompagnent offrant rarement des parties distinctes quoique évidemment d'une végétation étrangère à notre climat actuel.

Ces coquilles sont donc une preuve évidente ajoutée à toutes celles que nous avons recueillies, d'un changement de climat, de l'abaissement de température qu'a éprouvé notre sol; car si l'irruption du fluide marin qui a déposé le calcaire grossier était la seule cause de l'anéantissement de ces espèces dans notre pays, pourquoi ne se seraient-elles pas conservées là où ce liquide n'a pu atteindre, c'est-à-dire, à un niveau auquel il n'a pu s'élever? comment, du moins, ne se seraient-elles pas conservées là où on les trouve fossiles, dans des dépôts non recouverts et supérieurs à la limite des formations marines? Il est donc à présumer qu'elles ont, en général, cessé d'exister en France et en Angleterre, par suite du changement de température; quoiqu'en particulier elles aient pu être anéanties dans certains bassins, par l'effet des révolutions locales que ces bassins ont éprouvées.

La quantité de lieux où on rencontre les Mélanopsides prouve qu'elles peuplèrent jadis les eaux douces du premier sol découvert, comme le font aujourd'hui nos Limnés et nos Planorbes.

Elles habitaient en Angleterre et dans les bassins de la Seine, de la Garonne et de la Saône; bassins qui incontestablement ont eu des limites distinctes depuis la consolidation primitive de la croûte du globe. Elles prouvent qu'il n'y a point eu de cataclysme depuis le dépôt de la craie, en tant que l'on attache à ce mot l'idée d'une révolution générale; et comme il n'est nulle nécessité de recourir à ce moyen pour expliquer la formation des dépôts antérieurs à la craie, puisqu'il n'y a point d'alternat dans la nature du fluide prouvé avant elle, et qu'au contraire on admet généralement que, depuis la craie jusqu'aux terrains primitifs, tout s'est formé dans le sein d'un liquide de même espèce, que toutes les formations d'alors sont prouvées marines par les corps qui caractérisent ceux de ces terrains qui renferment des débris organiques (1), on peut conclure que la théorie des cataclysmes doit être rejetée de la géologie. Mais il y a eu incontestablement révolution, déluge partiel partout où, depuis la craie, nous voyons succéder un dépôt d'eau douce à un dépôt marin, et celui-ci au premier. Ainsi, c'est seulement dans ce sens qu'on doit entendre les révolutions du globe : tout ce qui s'est passé avant que les parties basses des continens fussent délaissées par la mer, avant qu'elles fussent couvertes de végétaux et peuplées d'animaux, en un mot, avant le premier sol découvert qu'indiquent l'argile plastique et les lignites, doit être rejeté dans l'histoire de la formation de cette croûte que nous habitons aujourd'hui. Nous disons qu'on peut conclure toutes ces conséquences de l'existence des Mélanopsides dans des contrées qui, raisonnablement, ont dû être soumises aux mêmes effets généraux de l'Océan; car il serait impossible de concevoir un cataclysme qui

----

(1) A l'exception, comme cela va sans dire, des produits volcaniques, etc.

aurait anéanti la race des mollusques fluviatiles vivant alors en Angleterre et dans les bassins de la Seine et de la Garonne, et qui les aurait laissé subsister dans celui du Guadalquivir, ces bassins appartenant tous à la même grande pente générale des terres vers l'Océan. Pour nier l'évidence de ces observations, il faudrait admettre, en Andalousie, des points plus élevés, échappés au cataclysme, au retour de la mer, et où ce même genre d'animaux se serait conservé; mais alors il est évident que nous rentrons, non dans le phénomène d'un cataclysme général, mais dans celui des bouleversemens, des submersions partielles ; et qu'il faut reconnaître par conséquent des obstacles, des limites à ces inondations, des niveaux qu'elles n'ont pu atteindre. Alors, comme nous l'avons déjà montré ailleurs, l'histoire des terrains tertiaires se réduit à expliquer les phénomènes que présentent des formations purement locales, par l'ancienne configuration du sol, les différences de niveaux des bassins, et des relaissées de la mer. Après cette digression à laquelle nous sommes amenés naturellement, nous allons essayer de prouver, par la considération des Mélanopsides vivantes et fossiles, combien il faut être en garde contre les différences ou les analogies de formations qu'on peut établir entre certaines couches, au moyen de la comparaison des fossiles entre eux ou avec des espèces vivantes. Plus ce moyen offre d'importance et d'intérêt, étant presque le principal sur lequel s'appuient les géologues modernes, plus il est nécessaire de poser des bornes à l'abus qu'en pourraient faire ceux qui, moins exercés et moins prudens que MM. Cuvier et Brongniart, voudraient se guider par le fil qu'ils ont su suivre avec tant d'habileté et de tact.

Nous pourrions accumuler des preuves nombreuses pour prouver : 1° que les mêmes espèces, surtout les espèces fluviatiles, varient quelquefois dans les mêmes lieux, de manière à offrir, dans des variétés extrêmes, l'apparence de plusieurs espèces distinctes, lorsqu'on ne voit pas les intermédiaires ; 2° que l'influence des localités est souvent assez forte pour que la même espèce paraisse inconnue lorsqu'on ne consulte pas les transitions; 3° qu'à bien plus forte raison on ne doit pas s'étonner de voir de fortes variations entre des individus d'une même espèce, pris à de grandes distances ; 4° enfin, que si l'on admet ces vérités qui sont incontestables, on doit, à plus forte raison, reconnaître que certains fossiles ne sont pas des espèces distinctes, pour cela seul qu'ils n'ont point une identité *absolue* avec certaines coquilles vivantes, toutes les fois d'ailleurs qu'ils rentrent dans l'ensemble des caractères qui constituent ces espèces. Ces observations qui paraissent si simples et qu'aucun naturaliste ne voudrait méconnaître, sont cependant si souvent négligées que cette négligence devient aujourd'hui un fléau pour la science, et qu'elle tend à faire de celle-ci un chaos impénétrable. Il semble qu'il y ait une telle gloire à donner une dénomination générique ou spécifique, ou à découvrir, nous ne dirons pas un caractère, mais un signe le plus minutieux de différence, que chaque naturaliste doive s'escrimer à ce beau passe-temps, et que nous soyons menacés de voir les *Species* impossibles, et les Monographies réduites à des catalogues de signalemens individuels. Nous sommes loin assurément de vouloir encourager l'abus opposé ; mais nous croyons que pour les espèces qui n'offrent pas des limites tranchées, on ne doit les établir qu'après un examen scrupuleux et comparatif de toutes les espèces du genre ou du moins du groupe auquel elles appartiennent. On ne peut juger la plupart des espèces que sur une grande collection : il faut en outre avoir, dans beaucoup de cas, un très-grand nombre d'individus de chaque espèce, pris, s'il se peut, dans tous les pays où elle se trouve. Nous observerons du reste que ces réflexions ne s'appliquent qu'aux animaux invertébrés, et en particulier aux mollusques, nos connaissances ne nous permettant pas de rien décider à l'égard des autres. Les Mélanopsides, par exemple, varient à tel point que des individus d'une même espèce, pris dans les mêmes lieux, dans les mêmes eaux, vivant, s'accouplant ensemble, sont souvent remarquablement différens par leur taille, les proportions respectives de l'ouverture et de la spire, ainsi que par les autres caractères de leur coquille. La *Mélanopsis Dufourii* des environs de Valence, en Espagne, pourrait offrir, dans des individus extrêmes, deux ou trois espèces distinctes. La même chose a lieu chez les Limnées, les Planorbes, les Paludines, les Ampullaires, et même chez beaucoup d'espèces terrestres. Mais ces variations n'affectent pas toutes les coquilles; il en est que nous avons trouvées parfaitement semblables et qui cependant sont communes aux quatre parties du monde, comme l'*Helix aspersa* des environs de Paris, ou le gros limaçon de nos jardins.

Certaines espèces de Mélanopsides se lient les unes aux autres par des nuances insensibles, mais elles conservent toujours quelque chose des limites qui les séparent. Elles sont cependant caractérisées quelquefois par des accidens très-prononcés, par de grosses côtes longitudinales ou transversales, ou par une surface lisse.

Ce que nous disons des espèces vivantes et des variations qui s'opèrent de nos jours, presque sous nos yeux, doit faire présumer que, si nous allons rechercher les analogues fossiles de ces mêmes espèces dans d'autres contrées et après que tant de siècles se sont écoulés et que l'état du globe a si fort changé, nous ne devons pas nous attendre à les trouver identiquement les mêmes:

ce serait demander ce qui n'existe jamais, rigoureusement parlant, entre deux individus vivant actuellement. On peut cependant reconnaître qu'en général les mêmes espèces vivantes et fossiles, dans le même pays, sont très-ressemblantes; aussi la *Melanopsis buccinoïdea* fossile, à l'île de Rhodes, est presque la même que celle qui vit aujourd'hui dans les eaux de cette île. La *Melanopsis costata* fossile de Sestos est seulement un peu plus petite que la vivante du fleuve Oronte; mais les individus fossiles de ces deux espèces, qui vivaient jadis dans des pays où leurs analogues vivans n'existent plus, offrent et doivent offrir des différences plus ou moins sensibles, sans pour cela que l'on puisse douter de leur identité. On observe d'ailleurs entre les individus fossiles autant de diversité dans les formes et les accidens du test, que dans les individus vivans. Il se joint encore à ces causes naturelles de différence des circonstances qui, pour les individus fossiles, tiennent à la formation même des dépôts dans lesquels ils se trouvent, et qui rendent leur analogie douteuse, parce qu'assez souvent ces circonstances ont causé la perte de certains caractères, en usant ou brisant leurs coquilles. Les Mélanopsides fossiles de l'île de Wight, de la Champagne, de Cuiseaux, etc., se rencontrent dans la formation de l'argile plastique et des lignites, où elles ont pu être déposées tranquillement; mais en d'autres pays, comme à Dax, à Bordeaux, elles paraissent avoir été charriées et mélangées avec le falun. Près de Dax, dans le dépôt de Maudillot, elles se trouvent même dans les couches supérieures de ce falun, et, malgré toutes les recherches de M. le docteur Grateloup, auquel nous devons un beau travail géologique sur les terrains tertiaires des environs de Dax, nous ne savons point encore si ces Mélanopsides ont été arrachées d'une formation d'argile plastique ou de lignite antérieure au dépôt de falun, ou si le mélange s'est opéré dans l'instant même de ce dépôt, par l'effet d'une irruption ou d'un courant qui aurait apporté les Mélanopsides dans le fluide marin ; ce qui paraît certain, c'est qu'elles vivaient antérieurement au dépôt d'eau douce qui a formé le calcaire à Limnées et à Planorbes, dont on trouve des couches solides du côté de Bazas et de Bordeaux, ainsi qu'en diverses localités entre Dax et ces deux villes ; car ce calcaire ne contient ni les Mélanopsides, ni les Néritines de Dax. M. Boué, qui a une si grande habitude d'observer, et qui a visité dernièrement toute cette contrée, n'a pu nous éclairer à ce sujet. Dans le cas que nous venons de citer, où les Mélanopsides ont été violemment agitées et charriées, elles ont dû perdre une partie de leurs caractères ; et en effet il est très-rare de trouver à Dax des individus bien conservés : le plus souvent l'ouverture est brisée, leurs côtes sont usées, et en partie effacées. Ainsi, dans tous les cas semblables ou analogues, la comparaison des espèces fossiles aux espèces vivantes, demande un examen attentif. Il faut tenir compte des accidens que les test des premières ont éprouvés, et surtout il faut en avoir un grand nombre d'individus, afin de bien juger l'espèce que l'on examine.

En Italie, le dépôt découvert par M. Ménard de la Groie, entre St.-Germini et Carsoli, route de Narni à Todi, repose immédiatement sur le calcaire compacte ancien, qui forme la chaîne Apennine. Ce dépôt circonscrit, sans mélange de coquilles marines, n'est pas recouvert, et rien ne peut dévoiler s'il est antérieur ou postérieur au dépôt marin des collines subapennines, mais il est évidemment antérieur à ceux de Poggibanzi et de Colle, qui ont formé un tuf calcaire rempli de coquilles analogues à celles qui vivent encore en Italie, tandis que celui de St.-Germini n'offre que des Mélanopsides et une Néritine qui ont cessé d'exister dans cette presqu'île.

En Moravie, M. Boué, auquel nous devons les renseignemens suivans, les a rencontrées dans les sables et les argiles situés entre les argiles micacés à coquilles marines qui recouvrent l'argile plastique et les lignites, et le calcaire grossier marin de MM. Prévost et Beudant. Là les Mélanopsides sont accompagnées d'une coquille bivalve de la famille des *Mytilus*, dont on devra peut-être former un genre nouveau. Cette coquille était-elle marine ou fluviatile? c'est ce qu'il est difficile de décider, surtout depuis que nous connaissons un vrai *Mytilus* fluviatile du Danube. Cette dernière observation doit en faire naître une autre d'une haute importance : c'est que, basant nos considérations géologiques sur la différence de nature du fluide où ont dû vivre tels ou tels fossiles, d'après ce qui se passe de nos jours, où certains genres paraissent ne pas exister dans l'eau douce, tandis que d'autres l'habitent exclusivement, nous pouvons fort bien déclarer telle couche marine, parce qu'on n'y aura trouvé qu'une espèce de *Mytilus* ou de Modioles, lorsque peut-être ces espèces ont vécu dans l'eau douce; et cela est si vrai, qu'un des plus forts argumens qui ont été opposés à notre opinion sur l'origine lacustre des collines de Weissenau, était la présence d'un *Mytilus*, au milieu de toutes les petites paludines dont sont formées ces collines ; mais ce *Mytilus* a les plus grands rapports avec celui du Danube, en sorte qu'il a peut-être vécu dans l'eau douce.

Les raisonnemens géologiques ont d'ailleurs été trop généralement établis sur l'état actuel des eaux, et sans tenir compte des changemens qu'elles ont éprouvés, soit dans leur température, soit dans leur composition chimique qui a subi des modifications importantes. Ainsi nous ne pouvons pas affirmer qu'autrefois les eaux-douces n'aient point nourri des natices, des toupies, des cérites, des tellines, des cythérées, puisque aujourd'hui nous y connaissons des moules, des corbules, des modioles, des bulles, etc.; il s'ensuit que certains alternats, déclarés marins parce qu'une telle couche ne contient qu'une ou deux espèces de coquilles de genres aujourd'hui exclusivement marins, n'ont peut-être pas été pour cela formés sous l'eau marine, et qu'on ne peut admettre pour preuves qu'un ensemble de circonstances géologiques propre à démontrer l'alternat, ou une réunion assez considérable d'espèces évidemment marines qui ne puisse laisser aucun doute sur l'origine de cette couche. On ne peut souvent décider l'analogie ou la différence d'une couche, ni sa nature marine ou lacustre, sur l'inspection d'une ou deux espèces de coquilles, à moins que ces coquilles ne soient très-nombreuses, et n'appartiennent aux pulmonés hygrophiles, la plupart des genres de pectinibranches ou d'acéphalés ayant pu avoir autrefois des espèces lacustres ou fluviatiles. Toutes ces réflexions doivent nous mettre en garde contre les règles trop absolues. L'époque du dépôt des terrains tertiaires étant celle où, par l'abaissement des eaux de l'Océan, la terre s'est trouvée couverte de lacs dont les uns sont devenus doux, tandis que les autres sont restés salés; les eaux tendant à se mettre en équilibre, et tout se disposant à cette époque pour organiser l'écoulement des eaux des parties élevées vers les parties basses, il en est résulté une foule de formations locales; des superpositions nombreuses de nature différente, par suite du déversement de ces lacs de liquide doux ou salé, les uns dans les autres; des mélanges fréquens et surtout d'immenses et nombreuses lagunes, comme celles des côtes de la Méditerranée, où les courans fluviatiles apportent les coquilles terrestres et d'eau douce, et les mêlent aux dépouilles des mollusques marins. Voilà, en deux mots, l'histoire des terrains tertiaires. Ces terrains ont pour cause les différences de niveaux des relaissées de l'Océan.

On doit être aussi beaucoup plus réservé qu'on ne l'est communément pour rejeter l'analogie de telle ou telle formation, à cause des légères différences qu'on peut apercevoir entre quelques espèces de différentes couches. Le temps et les révolutions locales ayant produit des variétés dans les mêmes espèces qui doivent, comme les superpositions, prouver des époques différentes, des circonstances particulières, mais non un autre ordre de phénomènes, il faut qu'une considération plus vraie guide aujourd'hui les géologues sur tout ce qui regarde les terrains tertiaires; c'est que, depuis la craie, tout a été soumis à l'influence des circonstances locales de configuration du sol, et de ses rapports de voisinage et de niveau avec les bassins marins ou lacustres. Il n'y a aucune règle générale et absolue dans le nombre des superpositions; il n'en existe que dans l'ordre d'antériorité, par rapport aux êtres qui peuplèrent ou embellirent successivement la surface terrestre, parce que les phénomènes de cette classe tiennent aux changemens que la vie a éprouvés par suite de l'abaissement de la température et des révolutions locales. Nous croyons être les premiers qui nous soyons prononcés pour cette marche à suivre dans l'observation des faits géologiques qui regardent les terrains tertiaires, marche qui, selon toutes les apparences, doit s'étendre aussi à l'observation de terrains plus anciens, et qui, si nous ne nous abusons point, doit singulièrement modifier les idées reçues en géologie.

C'est après l'examen attentif et minutieux de près de 400 individus vivans ou fossiles, qui composent notre collection de

3

Mélanopsides, que nous avons arrêté la détermination suivante des espèces de ce genre. Nous avons cru utile d'appeler, sur ce genre important, l'attention des naturalistes et des géologues, afin d'avoir des observations nouvelles et des renseignemens plus précis lorsque nous en ferons l'histoire dans notre ouvrage général.

TABLEAU DU GENRE MÉLANOPSIDE, *MELANOPSIS,*

Férussac, *Essai d'une méth. Conchil.* 1807, p. 170, et *Mém. géol.*, p. 530.

Melania, Olivier; *Bulimus*, Poiret, Bruguière; *Buccinum, Murex*, Linné, Gmelin, Dillwyn; *Buccinum*, Chemnitz. Ajoutez le G. Pyrène, *Pyrena*, Lam. *Extrait d'un cours de zoologie*, p. 116; *An. s. vert.*, deuxième édition, t. 6, seconde part., p. 169. *Strombus, Buccinum*, Linné, Gmelin, Dillwyn; *Nerita*, Müller; *Cerithium*, Bruguière; *Faunus*, Montfort, *Conchyl.* 2, p. 427. *Melanopsis*, Férussac.

Caractères génériques. Animal. Gastéropode pectini-branche pomastome, de la famille des toupies ou trochoïdes. *Couverture*, jusqu'à la tête; manteau s'étendant jusqu'au bord de l'ouverture de la coquille, sinué comme elle vers la colu-melle, et tapissant intérieurement l'angle extérieur de l'ouver-ture; *pied* attaché au col, très-court, ovale, angulaire anté-rieurement de chaque côté, ou en forme d'écusson; *tentacules*, quatre, annulés, contractiles; les deux plus longs conico-subulés, un peu déprimés; les deux courts connés par leur base avec les premiers, mais séparés dans leur longueur, assez gros, cylin-driformes, *oculés* à leur extrémité; *mufle* proboscidiforme; *orifice respiratoire* aboutissant à l'angle extérieur de l'ouver-ture, entre la callosité de la gorge et le bord gauche, où la réu-nion du manteau au corps forme une espèce de gouttière. Test allongé, fusiforme ou conico-cylindrique, sommet aigu; *spire,*

6 à 15 tours, le dernier formant souvent les 2/3 du test; *cône spiral* incomplet; *ouverture* ovale oblongue; *columelle* torse, solide, calleuse, tronquée à sa partie supérieure, séparée du bord extérieur par un sinus, la callosité se prolongeant sur la convexité de l'avant-dernier tour, plus forte près de la réunion du bord gauche, et formant une gouttière entre elle et celui-ci, qui, quelquefois, est fortement échancré en sinus vers cette partie; *opercule* simple, corné, ne fermant pas très-complétement l'ouverture, et attaché aux deux tiers de la longueur du pied, depuis la tête.

Nous avons observé les animaux vivans des *Mel. Buccinoidea* et *Costata*, et nous les avons décrits depuis long-temps (*Mém. géol.*, p. 53). Nous avons examiné ceux des *Mel. Dufourii* et *Atra*, conservés dans la liqueur, et nous pouvons assurer que celui de cette dernière espèce, qui forme le G. Pyrène de Lamarck, ne diffère des autres en aucun point; ce qui, joint à la grande analogie de leur coquille, nous a décidés à réunir ces deux genres.

† Un seul sinus au bord extérieur de l'ouverture, le séparant de la columelle.

Genre Mélanopside, Melanopsis, *Lamarck.*

1. MÉLANOPSIDE BUCCINOÏDE, *Melanopsis Buccinoidea,* nobis. *Voyez* pl. 1, fig. 1 à 11, et 2ᵉ pl., fig. 1 à 4.

Testa ovato-conica, acuta, solida, nitens, brunea vel castanea; *anfractibus* 8, complanatis, ultimo ventricoso, cæteris æquali. *Apertura* fusca, ovali, acuta, apice emarginata : latere exteriore arcuato; *Callo* albo, convexo, crasso, nitido; *Columella* nitida, alba, inflexa.

Melanops. Buccinoidea, Férussac, *Mém. géol.,* p. 54, sp. n° 1.

ɑ) Spira conica.

Melania Buccinoidea, Olivier, *Voyage au Lev.*, t. I, p. 297, pl. 17, fig. 8.

Melanopsis Buccinoidea, Férussac, *Essai, etc.*, p. 70, sp. n° 1.

Melanopsis Buccinoidea et *Melan. Castanea*, Férussac, *Mém. géol.*, p. 54, n°ˢ 1 et 6.

Melanopsis Lœvigata, Lam., *Enc. méth.*, pl. 458, et *An. s. vert.*, 2ᵉ édit., t. VI, 2ᵉ part., p. 168.

* *Fossilis*, Férussac, *Hist. des Moll.*, XVᵉ liv. MÉLANOPS. FOSS., fig. 10, de l'île de Rhodes. *Id.* fig. 8? de Sestos.

Bulimus antidiluvianus, Poiret, *Prod.*, p. 37, n° 5. *Testa pyramidali subulata, anfractibus planis, apertura ovata.* Voy., XXIᵉ livr., MELANOPS. FOSS., 2ᵉ pl., fig. 1. Lamarck, Foss. *Ann. mus.*, to. 4, p. 295.

Mélanie de Soissons, Brard, 4ᵉ Mém.; *Journal de phys.*, to. 74, p. 254, pl. fig. 9 (*mala*).

β) Testa fusiformis.

Buccinum prærosum, Linnæus, *Syst. nat.* XII, p. 1203. Chemnitz, *Conchyl.* IX, part. 2, p. 40, t. 121, f. 1035, 1036. Gmelin, *Syst. nat.*, p. 3489. Schreibers, *Conch.* I, p. 161. Dillwyn, *Descript. cat.*, p. 627.

Bulimus prærosus, Bruguière, *Encycl. méthod.*, p. 361.

Melanopsis Buccinoidea, Férussac, *Mém. géol.*, p. 54, sp. n° 1.

Schröter, *Einleit.*, t. 1, p. 341.

γ) ANTIQUUA, *Fossilis*. Testa fusiformis, plus minusve inflata vel elongata.

Férussac, *Hist. des moll.*, XVᵉ livr. MÉLAN. FOSS., fig. 1, 2, 3, 5, 6, 7, 9, et XXIᵉ livr. MELAN. FOSS., 2ᵉ fig. 2, 3, 4.

Melan. fusiformis, Sow., *Min. conch.*, tab. 232, f. 1 à 7.

1) Inflata, nobis. MELANOPS. FOSS., 1re pl., fig. 1, 2, 3. Envir. d'Épernay: id. fig. 9, d'Italie, et MEL. FOSS. 2^c pl., fig. 2, 3, 4, d'Italie. Sowerby, fig. 1, 5, 7, d'Angleterre.

2) Elongata, nobis, 1re pl. fig. 5, 6, 7. Envir. d'Épernay. Sowerby, fig. 2, 3, 6, d'Angleterre.

δ) Subtuberculata, *fossilis*, 1re pl., fig. 11, d'Italie.

ε) Minuta, *fossilis*, 1re pl., fig. 4, de Cuiseaux.

L'animal de la Var. β), la seule que nous ayons observée, est orné de lignes transversales, ondulées, noires, plus colorées sur le mufle.

Hab. a.) Les eaux douces de la côte de Syrie, de l'île de Crète, de l'Archipel, Olivier; reçu de Gemleck, de Seyde, de Tripoli, de Syrie, de Chypre, de Scio, de Naxie. On dit qu'elle se trouve aussi dans le *Plattensée* en Hongrie.

Cette variété varie elle-même d'une manière notable, 1° par la couleur : elle est tantôt noire, brune, châtain, tantôt d'un verd jaunâtre ; très-rarement elle offre trois bandes brunes, sur un fond verdâtre ; 2° par sa forme plus ou moins allongée ou élargie, ce qui la rend conique ou fusiforme. Dans des exemplaires, l'ouverture a moins de la moitié de la longueur du test; dans d'autres, elle en forme les deux tiers. Nous avons deux individus pris entre les ruines de Tyr et de Sidon, dont les tours de spires sont un peu aplatis, légèrement étagés et garnis de faibles tubercules longitudinaux près des sutures.

Fossilis. Les individus fossiles que nous avons fait graver, 1re pl., fig. 10, viennent de l'île de Rhodes, sur la montagne de Triando, et sont identiques avec les individus vivans de la Syrie et de l'Archipel. Celui de la fig. 8 a été trouvé avec la *Mel. costata*, fossile, sur le haut des montagnes de Sestos, dans le canal des

Dardanelles. Enfin nous rapportons encore à cette variété et non à la suivante, le *Bul. antidiluvianus* de M. Poiret. Les individus que nous tenons de ce savant se rapprochent plus de la première que de la seconde. Ce fossile se trouve dans la formation d'argile plastique et de lignites des environs de Soissons.

β) Dans l'aqueduc de Séville, dans la fontaine de Bornos, et dans plusieurs ruisseaux du royaume de Séville. Cette variété est plus fusiforme que la précédente, assez renflée vers la bouche ou à peu près au milieu de la coquille, sa spire est acuminée, sa columelle est un peu moins arquée; on observe assez souvent un indice de sillon ou de dépression transversale sur le dernier tour, ce qui la rapproche de certains individus de la var. β) de l'espèce suivante.

γ) La formation de l'argile plastique et des lignites, dans le bassin de la Marne, de chaque côté de cette rivière, vers Épernay, au haut de la montagne de Bernon, etc., et de l'autre côté du vallon, au-dessus d'Ay, de Disi, etc., et au lieu dit les Rozières, à gauche de la route de Cumières, ainsi qu'en divers lieux du plateau, connu sous le nom de montagne de Rheims, qui sépare le bassin de la Marne de celui de la Vesle. Elle se trouve aussi près de Soissons, où M. Poiret l'a, le premier, fait connaître, et tout près de Château-Thierry, à un quart de lieue de cette ville, près la route de Châlons, où M. Cordier l'a rencontrée il y a près de 20 ans. Nous l'avons toujours recueillie, sans mélange de coquilles marines, dans les couches inférieures et pures de lignites; le mélange ne s'observe généralement que dans les marnes et les argiles qui recouvrent celles-ci. Dans le bassin de la Marne et vers Soissons, cette formation est connue sous les noms de *terre noire*, de *cendres*, etc. Elle sert à l'engrais des vignes d'Ay, de Cumières, etc.

En Angleterre, dans la même formation, à l'île de Wight, à New-Cross, à Wolwich, à New-Charlton, à Hordwell; communiquée par MM. Brongniart et Sowerby.

En Italie, dans un dépôt lacustre, sans mélange de coquilles marines, circonscrit, non recouvert, reposant sur le calcaire compacte, ancien, qui forme la chaîne apennine, et qui est situé entre St.-Germini et Carsoli, route de Narni à Todi, où il a été découvert et observé, pour la première fois, par M. Ménard de la Groie, avec une petite Nérite fort analogue à celle qui accompagne ordinairement la *Mel. Buccinoidea* vivant en Orient et en Andalousie. Les individus de ce dépôt sont souvent tellement identiques à ceux des bassins de la Marne et de l'Angleterre (voyez notre première planche, fig. 9), qui forment notre variété *antiquua inflata*, qu'on pourrait se méprendre entre eux. Celui que nous avons figuré s'en éloigne déjà un peu, pour se rapprocher de la variété suivante.

La variété γ) est dans le cas de la var. α). Elle varie beaucoup; mais quand on tient compte de ses anomalies et de celles qu'offrent les espèces vivantes, on ne peut la séparer et en faire une espèce à part. Si généralement elle a un *facies* un peu distinct, on doit croire que la différence de localité, l'influence du temps et des changemens d'état de l'air et des eaux, entre l'époque actuelle et l'époque où cette espèce vivait dans les lieux où on la trouve aujourd'hui fossile, suffisent pour en rendre raison. Du reste, certains individus que nous avons sous les yeux, ressemblent beaucoup à la var. β) vivante (voyez la 1re planche fig. 1, 2, 3, et Sowerby, 1, 5, 7). Enfin les plus gros, les plus allongés, ceux figurés par nous, fig. 5, 6, 7, et par M. Sowerby, fig. 2, 3, 6, se rapprochent, par certains caractères, de l'espèce suivante. Nous avons deux exemplaires de l'île de Wigth, qui ont une carène prononcée près de la suture, comme dans les fossiles de Dax, de cette dernière espèce.

La fig. 4 de Sowerby semble se rapprocher de la forme des coquilles de la var. *α*).

δ) Fossile dans le même dépôt, situé entre St.-Germini et Carsoli, dont nous venons de parler et où elle est rare ; mais elle est plus commune dans un dépôt analogue, situé entre Otricoli et le Vigne, route de Rome à Foligno, avec la *Melan. nodosa* fossile. Cette variété semble participer des caractères de cette dernière espèce, par une légère carène vers la suture, des indices de tubercules et la saillie des tours de spire. Elle a de plus, quelquefois, un petit bourrelet vers la base de la columelle (voyez notre 1re pl. fig. 11) ; mais ces circonstances ne sont pas constantes. Lorsqu'elles se rencontrent, les individus qui les offrent ressemblent singulièrement aux deux exemplaires vivans de la var *α*), trouvés entre Tyr et Sidon, et que nous avons cités plus haut.

ε) C'est avec quelque doute, n'ayant pas assez d'individus pour la bien juger, que nous rapportons aussi à cette espèce, comme en étant une variété, la fig. 4 de notre 1re planche. Elle représente une petite Mélanopside que nous tenons de l'obligeance de M. Brongniart, et qui se trouve à Cuiseaux, département de Saône-et-Loire, près de St.-Amour, dans la formation d'argile et de lignites adossée aux montagnes qui limitent, vers le Jura, le bassin de la Saône. Elle ressemble beaucoup à de petits individus de la *Mel. incerta* de Sestos ; mais les tours de spire sont moins étagés que dans celle-ci.

2. MÉLANOPSIDE DE DUFOUR , *Melan. Dufourii*, nobis. 1re pl., fig. 16 ; 2e pl., fig. 5.

Testa ovato-conica, solida, nitens, brunea vel viridè lutescens, vel grisea, maculis rufis aspersa ; anfractibus 8 , ultimo ventricoso, costis transversalibus tribus notatis circumscripta. *Apertura* ovato-elongata, latere exteriore elongato, adversùs callum inflexa. *Callo* albo, convexo, nitido; *columella* crassa, alba, nitida.

Buccina maroccana, Chemnitz, *Conchyl.* X., tab. 210, fig. 2078 à 2081.

α) Parva, subulata, lævis.

   * *Fossilis*; de Dax. XXIe livr. MEL. FOSS., 2e pl., fig. 5.

β) Magna, elongata, lævis.

γ) Magna et elata, lævis et fasciata.

   Chemnitz, fig. 2078, 2079.

δ) Magna; sulco propè suturam circumdata.

ε) Magna; carina elevata propè suturam cincta.

   Chemnitz, fig. 2080, 2081.

   * *Fossilis*, major. Férussac, *Hist. des moll.*, XVe livr. MÉL. FOSS., 1re pl., fig. 16.

ζ) Magna, bicarinata.

η) Magna, tricarinata.

θ) Brevis, elatior, tricarinata.

Cette espèce, dont nous devons la première connaissance à l'obligeance de M. Léon Dufour, varie beaucoup, comme on le voit; nous en avons reçu d'Alicante, que l'on a de la peine à distinguer de la *Buccinoidea* de l'Archipel. Elle est tantôt noire, brune ou couleur de corne, tantôt d'un verd jaune, unicolore ou mouchetée de taches ou de linéoles d'un brun rougeâtre; enfin elle a quelquefois des fascies, d'après l'exemplaire figuré par Chemnitz. Sa forme ne varie pas moins; quelquefois les carènes ou côtes transversales, au nombre d'une à trois, sont extrêmement fortes; d'autres fois elles disparaissent de manière que la coquille est presque unie; quelquefois la bouche ne va pas à moitié de la longueur de la coquille; d'autres fois elle en occupe les trois quarts.

Hab. *α*.) Les environs de Valence, dans le ruisseau d'arrosage appelé *Amperot*, et fossile à Dax. *β*) A Alméria, et aussi avec la précédente. *γ*) Celle-ci, plus grosse que celles d'Espagne, se trouve, suivant Chemnitz, dans les lacs et les rivières du royaume de Maroc, en Afrique. *δ*) Avec les variétés *α*) et *β*), dans les environs de St.-Philippe, au royaume de Valence. *ε*) Dans le royaume de Maroc, avec la var. *γ*). Et nous y rapportons, comme étant la même variété fossile, l'espèce fig. n° 16, dans notre 1re pl., qui se trouve assez communément mêlée avec des coquilles marines et des néritines, dans le dépôt de Faluns de Maudillot, près de Dax, où elle a été découverte par M. le docteur Grateloup. *ζ*) Les environs de Valence, avec la var. *η*). *θ*) Les environs de Valence, en Espagne.

3. MÉLANOPSIDE DE MARTINI, *Melanopsis Martiniana*, nobis. 2e pl., fig. 11 à 13.

Testa ovalis, subpyriformis, lævis, solida; anfractibus 7 ad 8, ultimo ventricoso, costis transversalibus duobus notatis circumscripta, et in medio sulco excavato. Spira torulosa. *Apertura*, ovato-elongata, supernè contracta, latere exteriore elongato, adversùs callum inflexa. *Callo* magno, repando; columella crassa.

Walch, *Petrif. de Knorr.*, t. II, tab. c, 11*, fig. 1 à 5.

Pyrum fossilis monstruosum, Martini, *Conch.*, t. II, p. 203, tab. 94, fig. 912, 914. Cochlis pyriformis lævis, edentula, fossilis, labro calloso, sex spiris excavatis.

Buccinum fossile, Gmelin, *Syst. nat.*, p. 3485.

Férussac, *Hist. des moll.*, XXIe livr. MÉLANOPSIDES FOSSILES, 2e pl., fig. 11, 12, 13.

Cette belle espèce, qui pourrait bien n'être qu'une forte variété de la précédente, n'est encore connue qu'à l'état fossile. Walch, et ensuite Chemnitz et Martini, l'ont les premiers obser-

vée ; le premier et le dernier en ont donné d'assez bonnes figures.
Les exemplaires de Martini lui avaient été donnés par Chemnitz
comme se trouvant communément en Hongrie, en plein
champ, entre Ædimbourg et Russ. Un de ces exemplaires avait
encore, sur toute sa surface extérieure, un épiderme d'un beau
rouge. M. Boué a retrouvé cette espèce, dont l'existence était
presque oubliée, dans les environs de Bisentz et de Scharditz,
en Moravie, dans la vallée de la Marsch, affluent du Danube,
avec une autre nouvelle et très-jolie Mélanopside à laquelle nous
donnons son nom, et un genre inconnu de coquilles bivalves de
la famille des moules, *Mytilus*. Toutes ces coquilles se trouvent,
selon M. Boué, dans les sables qui sont interposés entre l'argile
micacée à coquilles marines, supérieure à l'argile plastique et aux
lignites, et le calcaire grossier de MM. Prévost et Beudant.

4. MÉLANOPSIDE INCERTAINE, *Melanopsis incerta*, nobis.
1re pl., fig. 12, et 2e pl., fig. 6.

Testa ovato-conica, lævis ; *spira* conica, brevi ; *anfractibus*
scalatis, propè suturam torulosis, suprà planis, ultimo elongato, cæteris majore. *Apertura* ovata. Latere exteriore elongato, adversùs callum inflexo ; callo convexo, nitido, valdè notato.

Férussac, *Hist. des moll.*, XVe livr. MÉLANOPSIDES FOSSILES,
1re pl., fig. 12, et XXIe livr., 2e pl., fig. 6.

Hab. Fossile avec la *Mel. costata*, sur le haut des montagnes
de Sestos et d'Abydos, de chaque côté du détroit des Dardanelles.

C'est avec doute que nous en faisons une espèce distincte. Elle
ne peut cependant se rapporter à la *Buccinoidea*, quoiqu'elle
ait le test lisse, à cause de la forme étagée de la spire et du pro-
longement du bord extérieur vers la callosité ; ni à la *Dufourii*,
dont elle n'a ni la figure générale ni les cordons transversaux.

5. MÉLANOPSIDE A CÔTES, *Mel. costata*, nobis. 1re pl., fig. 14, 15.

Testa ovato-conica, acuta ; fusca vel cornea, solida. Costis crassis, longitudinalibus numerosisque obliquè munita. *Anfractibus* 8 ad 9, planis, gradatis, ultimo magno, cœteris breviori. *Apertura* ovata, acuta, apice emarginata, albo-cærulea vel fusca; latere exteriore acuto, arcuato. *Callo* fuscato, minore. *Columella* compressa, inflexa, macula fusca adornata.

Férussac, *Essai*, p. 71, sp. 2. *Mém. géol.*, p. 54, sp. n° 2.

Melania costata, Olivier, *Voy. au Lev.*, t. 2, 294, pl. 51, fig. 5.

Idem. Lamarck, *Encycl, méth.*, pl. 458, fig. 7, et *An. s. vert.*, 2ᵉ édit., t. VI, 2ᵉ part., p. 169, sp. 1.

* *Fossilis.* Férussac, *Hist. nat. des moll.*, XVᵉ liv. MÉLAN. FOSS., 1ʳᵉ pl., fig. 14, 15.

α) *Fasciata.*

Hab. Les environs d'Alep, dans le fleuve Oronte et les canaux d'arrosage. Olivier.

Fossile sur le haut des montagnes de Sestos et d'Abydos, avec la *Buccinoidea* et l'*Incerta*.

Cette espèce varie, comme les précédentes, par les proportions de la spire et de l'ouverture, ainsi que par sa taille et son allongement. Ses côtes sont aussi plus ou moins saillantes ou tuberculeuses.

6. MÉLANOPSIDE A PETITES CÔTES, *Melan. costellata*, nobis.

Testa precedenti similis, ovato-oblonga, olivacea ; spira brevi ; ultimo anfractu reliquis triplo. Costis longitudinalibus, numerosis, propè suturam lineam nodosam formantibus.

Melanopsis costata ; Férussac, *Mém. géol.*, p. 54, n° 2.

Murex cariosus ; Linné, *Syst. nat.* XII, p. 1220.

Gmelin, p. 3541. Dillwyn, *Descript. cat.*, p. 712.

α) Major et elatior, fasciata. *Buccina maroccana*, Chemnitz, *Conchyl.* X, tab. 210, fig. 2882, 2083.

Hab. dans l'aqueduc de Séville, où elle est très-abondante, et dans les ruisseaux des environs. Son animal est orné, comme celui de la Mél. Buccinoïde, de lignes brunes et ondulées. α) Dans les lacs et les rivières du royaume de Maroc.

Nous séparons avec indécision cette espèce de la précédente, malgré les différences prononcées qu'elles offrent entre elles; il est possible que ces différences tiennent à la distance et au changement de climat sous lequel elles vivent, et en effet, dans la var. α) d'Afrique, les côtes sont déjà plus prononcées, et la coquille, du moins dans l'exemplaire figuré par Chemnitz, a une forme plus analogue à celle de la *costata*. Cependant la briéveté de la spire et la forme générale les distinguent encore visiblement.

7. MÉLANOPSIDES A GROS NŒUDS, *Mel. nodosa*, nobis. 1re pl., fig. 13.

Testa ovato-acuta, solida; *anfractibus* 7 ad 8, ultimo ventricoso, costis nodosis, longitudinalibus, munito. Nodis valdè notatis, lineas tres transversales formantibus. *Apertura* ovata; *callo* albo, repando; *columella* crassa, lata, alba, nitida.

Melanopsis affinis; Férussac, *Mém. géol.,* p. 54, sp. n° 5.

* *Fossilis.* Férussac, *Hist. des moll.,* XVe liv. MÉLANOPS. FOSSILES, 1re pl., fig. 13.

α) Cylindracea, *fossilis.* Féruss. XXI^el. MÉL. FOSS., 2e pl., fig. 8.

Hab. près de Bagdad, dans le Tigre. *Fossile* très-commune avec des coquilles marines entre Otricoli et le Vigne, près de la route de Rome à Foligno, où elle a été trouvée par M. Ménard de la Groie. Peut-être cette espèce n'est-elle, comme la précédente, qu'une forte variété de la *Mel. costata*, dont les côtes ont trois rangs de tubercules au lieu de n'en avoir que deux, et dont la forme générale se rapproche de la *Mel. costellata*.

α) Nous considérons comme une variété de cette espèce, les

Mélanopsides répandues dans un calcaire compacte, brunâtre, à grain très-fin, avec lequel est bâti le temple de Daphné, à Athènes, et dont M. le comte de Bournon a bien voulu nous confier un fragment où un exemplaire où cette Mélanopside, dont le test est conservé, montre tous les caractères de la *nodosa*, excepté que sa figure est plus cylindrique, se rapprochant par-là de la *costata*. Ce calcaire contient aussi de petites paludines. Ce fait, des plus curieux, nous montre les Mélanopsides formant, dans la Grèce, des roches solides, certainement anciennes; et nous nous sommes empressés de nous adresser à M. Fauvel, pour avoir des renseignemens sur les lieux d'où l'on a pu tirer les matériaux du temple de Daphné, et peut-être ceux de plusieurs autres célèbres monumens grecs.

8. Mélanopside de Boué, *Melanopsis Bouei*, nobis. Mél. foss., XXIe livr., 2e pl., fig. 9, 10.

Testa ovata; anfractibus 6 ad 7, ultimo ventricoso, costis minimis, longitudinalibus munito, infernè tuberculato, spinoso; *apertura* ovata ; callo repando. *Columella* crassa.

Hab. près de Bisentz, dans la vallée de la Marsch, en Moravie, dans une marne argileuse et accompagnée de petits cailloux roulés, de rognons de marne durcie, de la *Mel. Martiniana*, et de bivalves d'un genre inconnu, analogues à des modioles; ainsi que près de Scharditz avec des débris de bivalves, la *Mel. Martiniana*, et des cérites, dans des marnes sableuses superposées aux argiles plastiques. Cette charmante espèce, parfaitement distincte de toutes les autres, a été trouvée par M. Boué, de l'obligeance duquel nous en tenons plusieurs exemplaires.

9. Mélanopside chevronnée, *Melanopsis decussata*, nobis.

Testa lævi, nitida ; lineis rufis integris vel punctatis, angularibus, tessellatim picta. Spira conica. *Anfractibus* 5 ad 6. Complanatis, ultimo ventricoso, cæteris longiore. *Apertura* alba, magna, ovato-acuta, integra; *callo* vix distincto. *Columella* alba ferè recta, angusta, apice vix canaliculata et emarginata.

Hab. le Plattensée, en Hongrie, avec la *Buccinoidea, Comm.* M. de Charpentier; à Stary Maydan Zakrzewski, dans le gouvernement de Podolie, non loin de Kamieniec-Podolsk. *Comm.* M. le baron de Chaudoir. Peut-être devra-t-on réunir cette espèce à la suivante?

10. MÉLANOPSIDE D'ESPER, *Melanopsis Esperi*, nobis.

Testa acuta, ovato-conica, apice obtusata, nitida, lævi, olivacea vel brunea, unicolori, vel punctis bruneis, quadratis seriatim maculata. *Anfractibus* 5 minimè convexis. Ultimo ventricoso, cæteris longiore. *Apertura* alba, ovato-acuta. *Callo* vix distincto; *Columella* alba vix inflexa, apice ferè canaliculiformi, emarginata.

Hab. la Laybach, rivière qui donne son nom à la capitale de la Carniole. Cette espèce nous a été envoyée par MM. Esper d'Erlang et Holandre de Metz.

11. MÉLANOPSIDE ALLONGÉE, *Mélanopsis acicularis*, nobis.

Testa subulata, lævigata, nitida, solida, atro-fusca, fascia flavescente, suturis cincta. *Anfractibus* 8 ad 10, complanatis, sensim decrescentibus; *apertura* ovali, utrinque acuta, alba. *Callo* indistincto. *Columella* apice attenuata, acuta, vix emarginata et canaliculata.

Férussac, *Mém. géol.*, p. 54, sp. n° 5.

α) Minor, unicolor. *Mel. Audebartii*, Prévost.

β) Corneo colore.

* *Fossilis. Melanopsis subulatus*, Sowerby, *Min. conch.* t. 332, fig. 8.

Hab. la rivière de Laybach avec la précédente. *Comm.* Esper et Holandre. *α*) Les eaux thermales de Weslau, près de Vienne. *Comm.* C. Prévost et PARTCH. *β*) Le Danube, à Wissegrad et à Bude. *Comm.* Beudant. Nous rapportons la *Mel. subulatus* de Sowerby à cette espèce, quoique nous ne la connaissions pas ; sa description et sa figure convenant en tous points aux individus de la var. *β*) Elle a été trouvée dans la formation d'argile plastique et de lignite de l'île de Wight.

†† Deux sinus distincts au bord extérieur de l'ouverture, l'un qui le sépare de la columelle, l'autre situé près de la réunion de ce bord avec l'avant-dernier tour.

Genre PYRÈNE, *Pyrena*, Lamarck.

12. MÉLANOPSIDE TÉRÉBRALE, *Melanopsis atra*, nobis.

Testa, turrito-subulata, vertice acutissimo, lævigata subnitida, dure ferè opaca, fusco-nigra vel badia. *Anfractibus* 16 ad 18 contiguis, sensim decrescentibus, planulatis ; suturis arista et sulco lineari notatis. *Apertura* albida, ovata, utrinque emarginata ; latere exteriore sejuncto, extenso, margine valde arcuato acuto. *Columella* incurva, subulata ; *callo* repando, mediocri.

Melanopsis atra, Férussac, *Mém. géol.*, p. 54, sp. n° 7.

Strombus ater, Linnæus, *Syst. Nat.*, p. 1213 ; *Mus. Lud. Ulr.*, p. 624, n° 289. Schröter, *Fluss.*, p. 371, n° 168 ; Einleit. I, p. 449. Chemnitz, *Conchyl.* IX, part. 2, p. 191, t. 135, f. 1227. Gmel., p. 3521. Dillwyn, *Descr. cat.*, p. 676.

Strombus dealbatus, Gmelin, p. 3523. Seba, *Thes.* 3, t. 56, f. 13, 14. Schröter, *Einleit.* I, p. 462. Strombus, n° 32.

Nerita atra, Müller, *Verm. hist.*, p. 188, n° 375.

Cerithium atrum, Bruguière, *Enc. méth.*, p. 485. n° 18.

Pyrena terebralis, Lamarck, *An. s. vert.*, 2ᵉ édit., t. 6, 2ᵉ part., p. 169.

Lister, *Synops*, tab. 115, f. 10. Rumphius, tab. 30, f. R. Petiver. *Amb.*, t. 13, f. 16.

Martini, *Berlin. Mag.* IV, t. 9, f. 41. Favanne, t. 61, f. H 11. Klein, *Ostrac*, § 90, sp. 2, n° 8, p. 34.

1) *Junior. Buccinum acicula*, Gmelin, p. 3503. Lister, *Synops.*, tab. 1055, f. 7. Schröter, *Einleit.* I, p. 407. Buccinum, n° 191.

2) *Fossilis?* Desmarest, *Crustacés foss.*, pl. VI, f. 3, 4. Férussac, XXIᵉ livr. MÉL. FOSS., 2ᵉ. pl., fig. 7.

Hab. les grandes Indes et les Moluques. Lorsqu'on lui enlève l'épiderme tenace qui la couvre, elle offre un fond poli, brillant, bai, orné de lignes longitudinales punctuées et blanchâtres, très-rapprochées. L'individu fossile que nous citons fait partie d'un groupe de ces coquilles enchâssées dans un morceau de calcaire argileux assez tendre, sur lequel est le crustacé fossile que M. Desmarest a nommé Portune Leucodonte (voyez l'ouvrage cité, p. 86). Ce morceau, qui fait partie de la collection du Muséum, vient de l'île de Luçon, province des Camérines, et a été donné par M. Poivre à cet établissement, en 1757. Nous sommes très-tentés de regarder, avec M. Cordier, qui a éveillé notre attention à ce sujet, le morceau en question comme une vase endurcie, et le crabe et les coquilles qui y sont agglutinées comme n'étant pas de vrais fossiles.

13. MÉLANOPSIDE ÉPINEUSE, *Mel. spinosa*, nobis.

Testa turrita ; vertice eroso truncato ; crassa, nigro-opaca ; *anfractibus* 7 ad 13, infernè tuberculato-spinosis ; propè suturam planulatis et sulcis linearibus notatis, ultimo supernè sulcato : *apertura* cœrulea, ovato-acuta, utrinque emarginata ; latere exteriore sejuncto, in medio extenso, emarginato, partito, latere interiore distincto, crasso, repando, integro, columellam

adnato. *Peristomate* fusco, *callo* non distincto; *rima* umbili-
cali distincta.

Buccinum flumineum, Gmelin, p. 3503.

Lister, *Synops.*, t. 118, f. 13.

Martini, *Berlin Mag.* 4, tab. 10, f. 52.

Schröt. *Einleit.* 1, p. 405. Buccinum, n° 183.

Helix cuspidata, Dillwyn, *Descript. cat.*, p. 949.

Pyrena Madagascariensis, Lamarck, *Encyclop. méthod.*,
pl. 458, fig. 2, a, b.

Pyrena spinosa, Lamarck, *An. s. vert.*, to. VI, 2ᵉ part.,
p. 170, n° 2.

Hab. Cette belle et précieuse espèce vit dans les eaux douces
de Madagascar, où M. le docteur du Foullois l'a trouvée. Nous en
tenons un exemplaire de son obligeance. Nous avons indiqué,
dans nos *Mémoires géol.*, p. 54, sp. n° 4, une autre Mélanopside, la *Mel. de Ronca.* Nous ne connaissions point alors cette
coquille que M. Brard a décrite et figurée (4ᵉ Mémoire sur les
terrains d'eau douce, *Journal de phys.*, t. 74, p. 254). Nous
avons reconnu depuis qu'elle est tout au plus une variété de la
coquille décrite par Bruguière, sous le nom de *Bulimus lacteus*
(*Enc. méth.*, p. 324, n° 45), dont M. de Lamarck a fait sa *Melania lactea.* (Fossiles. *Ann. du Mus.*, sp. n° 2.) Fossile marin
commun à Courtagnon. La même variété que celle de Ronca
se trouve aussi aux environs de la Rochelle. Nous l'avons reçue
de l'amitié de M. le docteur d'Orbigny.

M. de Lamarck rapporte encore au genre Pyrène la *Nerita
aurita* de Müller; mais cette espèce, par les seuls caractères de
sa coquille, ne peut être ôtée du genre Mélanie, car elle y con-
vient parfaitement, et n'a point ceux des Mélanopsides et encore
moins des Pyrènes. Il faudrait donc que son animal déterminât

cette réunion aux Pyrènes, et, comme il est encore inconnu, on ne peut rien préjuger à ce sujet : ainsi nous la laisserons parmi les Mélanies. Il en est de même de la *Pyrena granulosa*, Lam., sp. n° 4, que ce savant décrit pour la première fois.

Explication des Planches.

Pl. VII, fig. 1, 2. *Melanopsis Buccinoidea*, var γ) antiqua : *inflata*. Des environs d'E-pernay. *Melanopsis fusiformis*, Sowerby, *Min. conch.*, tab. 232, fig. 1, 5, 7.

Fig. 3. La même plus jeune, du lieu dit les Rozières, près d'Épernay.

Fig. 4. *Melanops. Buccinoidea?* var. ε) *Minuta; fossilis*. De Cuiseaux, près St.-Amour, dans le bassin de la Saône.

Nota. Les tours de spire sont un peu trop détachés dans la figure.

Fig. 5. *Melanops. Buccinoidea*, var. γ) antiqua; *elongata*. Des environs d'Epernay. *Melanops. fusiformis*, Sowerby, loc. cit., fig. 2, 3, 6.

Fig. 6. La même, de l'île de Wight. Sowerby, *id.*

Fig. 7. La même plus âgée, des environs d'Epernay.

Fig. 8. *Melanops. Buccinoidea*, var. α). *Fossilis*. de Sestos.

Fig. 9. *Melanops. Buccinoidea*; var γ) antiqua : *inflata*. Du dépôt situé entre St.-Germinini et Carsoli; Italie.

Fig. 10. *Melanops. Buccinoidea*, var. α) *fossilis*. De l'île de Rhodes.

Fig. 11. *Melanopsis Buccinoidea*, var δ) *fossilis*. Des dépôts situés entre St.-Germini et Carsoli, et entre Otricoli et le Vigne,

Fig. 12. *Melanops. incerta?* var. de Sestos.

Fig. 13. *Melanops. nodosa*. Du dépôt situé entre Otricoli et le Vigne, route de Rome à Foligno.

Fig. 14. *Melanops costata*, de Sestos.

Fig. 15. La même plus petite, de Sestos.

Fig. 16. *Melanops. Dufourii*, var. ε). *Fossilis, maxima*. Des environs de Dax.

Pl. VIII, fig. 1. *Melanopsis Buccinoidea* var. α) fossilis. *Bulim antidiluvianus*. Poiret.

Fig. 2. La même espèce, var. γ) *Antiquua*, du dépôt situé entre St.-Germini et Carsoli.

Fig. 3. Même var., plus âgée, du même lieu, et se rapprochant de la *Melanops. Dufourii* par le sillon qui l'entoure.

Fig. 4. Autre variété du même lieu, qui se rapproche de la var. ε) de Cuiseaux.

Fig. 5. *Melanops. Dufourii*, var. α), de Dax.

Fig. 6. *Melanops. incerta*, var. jeune de Sestos.

Fig. 7. *Melanops. atra*, fossile? de Luçon.

Fig. 8. *Melanops. nodosa*, var α) *cylindracea*. Fossile. Dans une roche calcaire d'A-thènes.

Fig. 9. *Melanops. Bouei*. De la Moravie.

Fig. 10. *Id.* Var.

Fig. 11, 13. *Melanops. Martiniana*, grands exemplaires.

Fig. 13. La même coquille; individus moins âgés.

———

Documents manquants (pages, cahiers...)

NF Z 43-120-13